科学与艺术的重逢

李政道

罗方扬先生，

同意你使用2011年我为中科院天文台主办的杂志"中国国家天文"题词。

祝你在科学与艺术融合的道路上取得更大成就。

李政道

丈量天地

宇宙的尺度

罗方扬 林滟茹 / 撰文 绘图

译林出版社

图书在版编目（CIP）数据

文量天地：宇宙的尺度 / 罗方扬，林滟茹撰文、绘图. -- 南京：译林出版社，2025. 8. -- (遇见自然 / 张燕宁主编). -- ISBN 978-7-5753-0834-2

Ⅰ. P159-49

中国国家版本馆 CIP 数据核字第 202575EX41 号

丈量天地：宇宙的尺度　罗方扬 林滟茹/撰文 绘图

丛书策划　张　洁
丛书主编　张燕宁
责任编辑　宋　旸
装帧设计　吴　悠
封面绘画　拜拜蓝莓
校　　对　王　敏
责任印制　单　莉

出版发行　译林出版社
地　　址　南京市湖南路 1 号 A 楼
邮　　箱　yilin@yilin.com
网　　址　www.yilin.com
市场热线　025-86633278
印　　刷　南京爱德印刷有限公司
开　　本　889 毫米 × 1194 毫米　1/16
印　　张　4
版　　次　2025 年 8 月第 1 版
印　　次　2025 年 8 月第 1 次印刷
书　　号　ISBN 978-7-5753-0834-2
定　　价　59.00 元

目 录

太阳、地球、月亮都是球体吗？ 2

先贤的探索 8

古代中国天文大地测量 12

如何精确地测绘地图？ 18

地球的形状 20

好大的三角形：地月距离测量 26

另辟蹊径：地日距离测量史 31

天涯若比邻：测出恒星的距离 41

写给小朋友们的几句话 49

作者简介 50

“天地玄黄，宇宙洪荒。日月盈昃，辰宿列张。”这是我国古代儿童读本《千字文》的开头几句，说明很早以前人们就开始思考宇宙了。战国时期屈原在长诗《天问》中也写道：“东西南北，其修孰多？南北顺椭，其衍几何？”意思就是“地球到底有多大？南北东西各是多少”。

那么人们是怎么丈量天地，测出地球大小和日月星辰之间的距离的呢？

太阳、地球、月亮都是球体吗？

人们很早就意识到，天很高很高，即使爬上高山，天上的星星还是距离我们很遥远。李白在诗中写道："危楼高百尺，手可摘星辰。"现在我们知道恒星和地球的距离是以光年来计算的（1 光年≈9.46 万亿千米），李白胳膊伸得再长，也够不到这些恒星。

丈量天地，首先要从我们脚下的地球说起。人们站在高山上，就能看到很远的地方。例如，孔子登上东山就能眺望鲁国，登上泰山就能看得更远了。这就是著名的“孔子登泰山而小天下”。同样，海边的人们早就注意到，远处归帆总是先露出最高处的桅杆，然后再逐步露出船身。请大家想一想，这是什么原因呢？

通过天文观测，人们很早就知道月食发生的原因是地球阴影把月亮挡住了。阴影总是呈圆形，什么形状的物体，它的阴影总是圆形的呢？

你肯定能想到，只有球体才能这样。所以人们猜想，大地应该是个球体，而且太阳和月亮也应该是球体。只有球体，转来转去，不管从哪个方向看，总是一个圆。

月 相 变

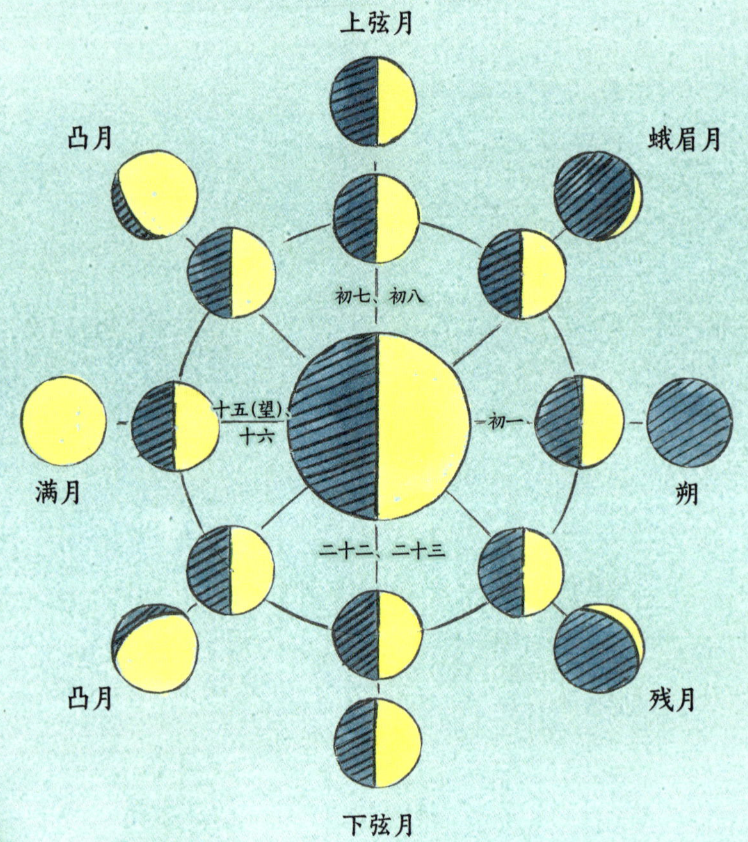

古希腊学者

化　规　律

北宋科学家沈括就明确指出日月是球体。月亮不发光，它反射太阳光。

月亮绕地球公转，在阳光照射下产生逐渐的月相变化。发生日食是月亮把太阳挡住了，发生月食是地球阴影把月亮挡住了。只有太阳、地球和月亮都是球体，才能产生这样的月相变化和日月食现象呀。

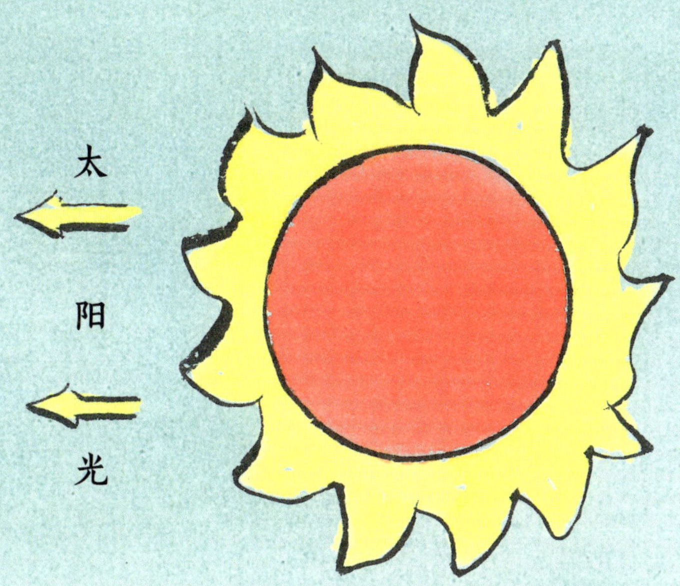

沈括

月食成因示意图

我们动手做个小实验吧。找两个皮球挂起来，大皮球代表地球，小皮球代表月球。关上门窗，然后用手电筒的光作为太阳光去照射大球，我们就会发现大球的阴影在小球上形成一个圆弧形。当这个阴影全部挡住小球时，就如同月全食；阴影挡住部分小球时，就如同月偏食。

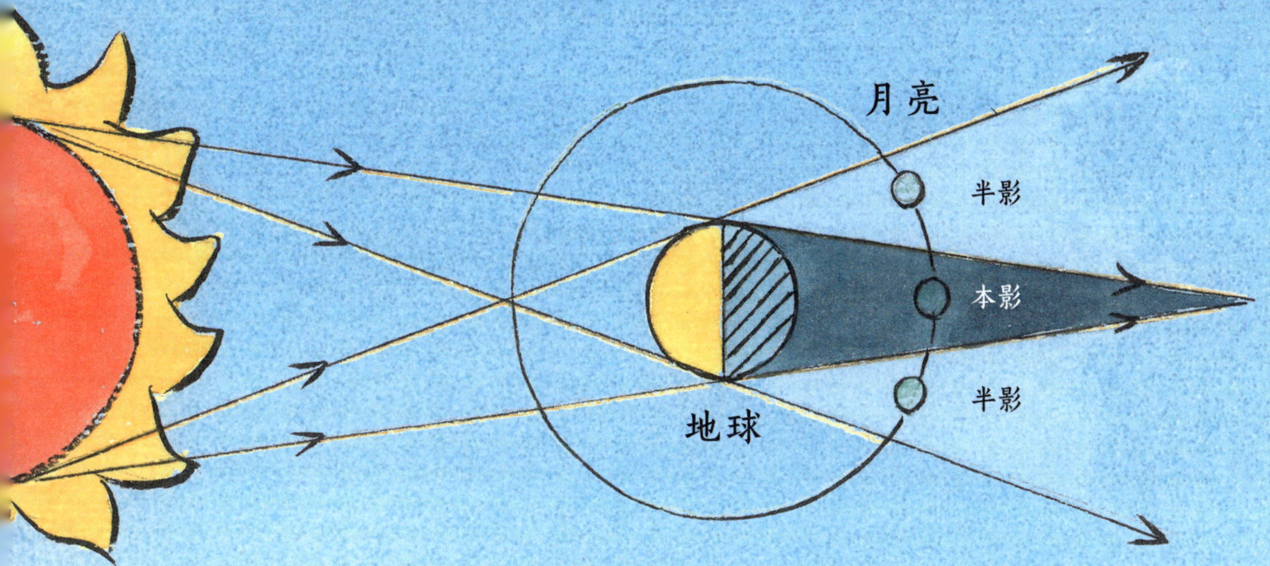

我们再让小球绕着大球转，并设想我们在大球上，就能看到小球光照部分时而呈月牙形，时而呈半圆形或圆形，时而又看不到，这就是月相的成因啦。

先贤的探索

人们既然猜想地球是个球体，那就要想办法测量，地球到底有多大。在 2000 多年前，有个古希腊人叫埃拉托色尼，他往返于赛伊尼（今埃及阿斯旺）和亚历山大城两地之时，发现了一个有趣的现象：每年夏至日的正午时分，太阳在赛伊尼正当天顶垂直照下，阳光能直射到井底。但在亚历山大城，正午的太阳光不垂直照射地面，而是有些偏了。埃拉托色尼用量角器一量，发现阳光偏了 7.2°。

原来这是因为地球是弧形的呀！赛伊尼和亚历山大城相距约 792 千米，因为地球是球体，所以平行的阳光在弧形的地球上产生了直照和斜照。

我们知道，圆周是 360°，7.2° 相当于圆周的 1/50。换句话说，在地球圆周上，7.2° 对应的距离是 792 千米，那么整个地球的圆周应该是 792 千米的 50 倍。

埃拉托色尼测量地球周长的原理

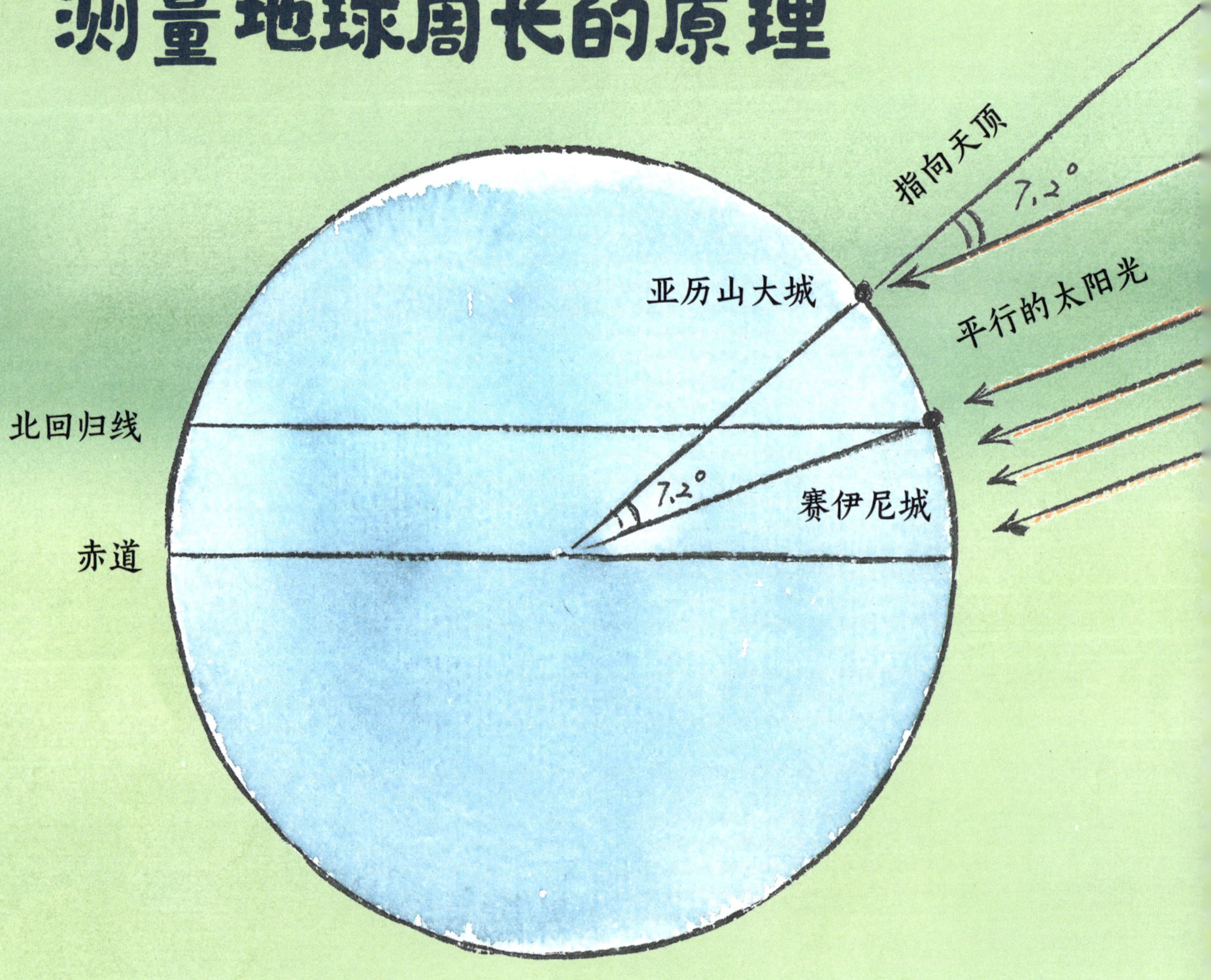

聪明的埃拉托色尼一下子就推算出地球周长约为 39,600 千米。现在我们知道地球周长约为 40,000 千米，埃拉托色尼能算得这么准确，真是了不起啊！

在夏至日，太阳光直射北回归线，而赛伊尼正好处在北回归线上，所以夏至这天正午 12 点，太阳正位于这座城市的天顶，阳光就能直射井底啦。

古代中国天文大地测量

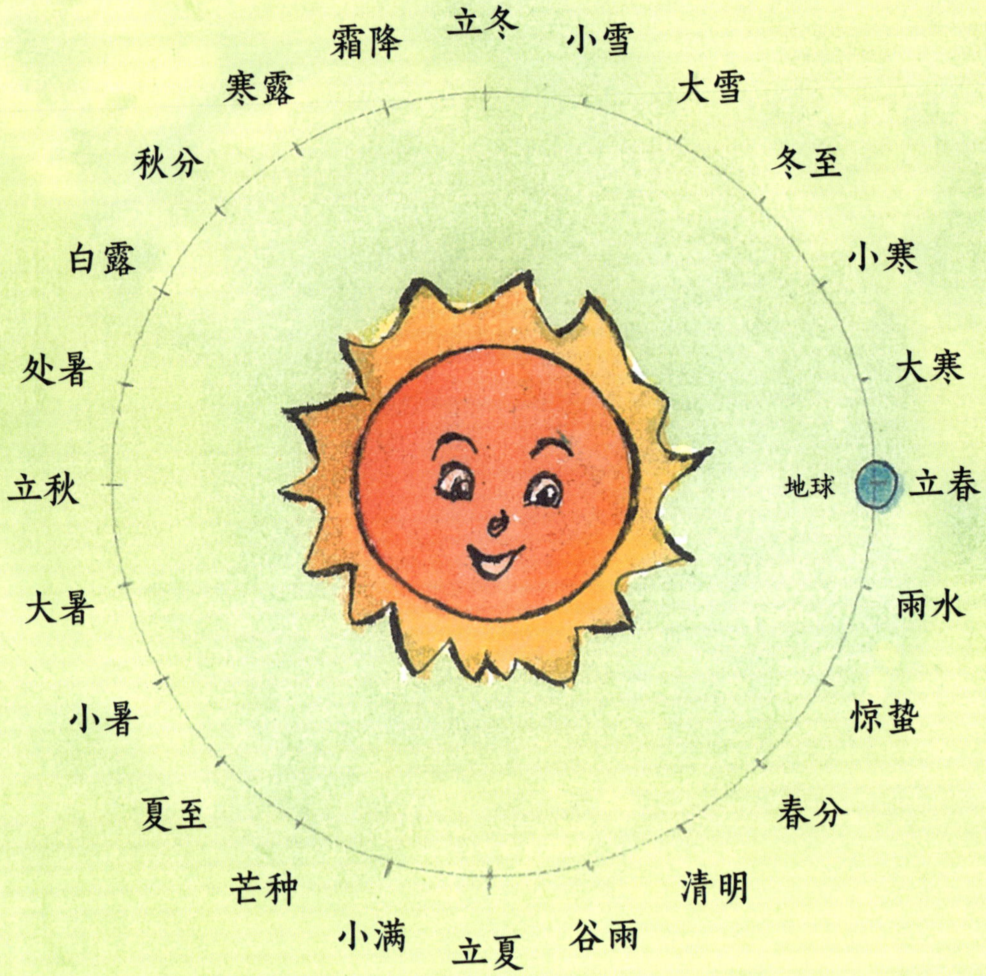

你知道吗？二十四节气中蕴含着效法自然、顺应自然的观念，包含着中国古代“天人合一”的理念。在 2016 年，二十四节气被正式列入联合国教科文组织《人类非物质文化遗产代表作名录》。

夏至是二十四节气之一，在每年的6月20至22日之间。我国的二十四节气最初是依据北斗七星的斗柄旋转指向来制定的。北斗七星循环旋转，是上古人们判断节气变化的依据。二十四节气的概念萌芽于先秦时期，此后逐步发展，到了西汉，就形成了二十四节气。在淮南王刘安的《淮南子·天文训》里，第一次记录了二十四节气的名称。

埃拉托色尼是通过巧妙的方法测出地球大小的，并未进行大地测量。我国在唐朝时期，曾对大地进行过一次测量，是由僧一行主持的。

僧一行本名张遂，他博览经史，精通天文历算。开元九年（公元 721 年），唐玄宗下令由僧一行主持修编新历法。

为了修订新历法，僧一行主持了世界上第一次地球经线（子午线）的测量工作。测量范围北起铁勒（今贝加尔湖附近），南到林邑（今越南中部），共有十多处测点。

这次测量是依据什么原理呢？让我们看看地球仪吧。地球仪中间有根轴，这就是地球的自转轴。自转轴指向北天极，我们可以近似地认为北天极就是北极星。在北半球从地面看上去，若两地的北极星高度角相差1°，就对应着两地纬度相差1°，再测出两地距离，就可以算出地球的周长和直径。

到了元朝，科学家郭守敬为了修订历法，也进行过一次大规模的天文大地测量。元朝的疆土辽阔，在郭守敬的主持下，全国各地设立了 27 个观测站，东起朝鲜半岛，西至河西走廊，北到西伯利亚，南至南海。这次测量史称“四海测验”。在此基础上，郭守敬等人编制了《授时历》。

这27个观测站，其中有一个保留至今。这就是河南登封观星台，它也是世界上现存最古老的天文台之一。

《授时历》推算出的一个回归年为365.2425天，和现代值365.2422天相比，只差了约26秒。精度和现行公历（1582年罗马教皇颁布的《格里高利历》）几乎一致，但比西方早采用了300多年。《授时历》从1281年开始颁布使用，一直用到明末清初，长达300多年，是中国古代最优秀且使用时间最长的一部历法。

如何精确地测绘地图？

我们知道平面三角形三个内角和总是 180°，所以人们只要量出了两个角的度数，就可以算出第三个角的度数。如果我们知道了两个角的度数和一条边长，就可以算出另外两条边长。

人们把三角形的这个特性，用于地图测绘，这就是三角测量法。假设有两位测量者在 A、B 两点，他们要对远处的城堡 C 测距。很明显 ABC 组成一个三角形，两人只要通过测量仪量出角 a 和角 b 的度数，就可以算出角 c 的度数。然后再量出线段 AB 的长度，就可以算出 BC 的距离啦。在这里，A、B 两点叫作“测量基点”，线段 AB 叫作“测量基线”，角 c 叫作“视差角”。

因为A、B观测者的位置不同，所以在他们看来，C点在更远处背景（远山）上所处的位置是不一样的。这是由不同观察视角引起的视差，所以我们把角c叫作视差角。这个视差角非常重要，稍后我们会看到视差角在天体测距方面大显身手呢。

地球的形状

从 17 世纪初开始，欧洲各国广泛使用三角测量法来绘制地图。在测绘中，人们通过多个三角形的连片对大地进行测量。用这种方法绘制的地图，精度非常高。

到了 18 世纪初，通过地图测绘，人们已经基本搞清楚地球的形状和大小了。人们确认地球是一个不规则的球体，既然不规则，那么究竟是什么地方凸出，什么地方凹陷呢？

英国科学家牛顿认为地球赤道地区向外凸出，而两极扁平，赤道地区的地表比两极的地表距离地心更远些，地球像个橘子。

但法国科学家卡西尼的看法正好相反，卡西尼认为地球是赤道收缩凹陷，而两极凸出，像个西瓜。

我们知道，地球的经线圈通过南北两极，经线圆周为 360°。地球周长约为 40,000 千米，如果地球是个完美的球体，那么每一度经线对应的长度应该都是 40,000 千米 /360 ≈ 111.111 千米。如果地球是个不规则球体，那么在赤道地区和在两极地区每一度经线对应的长度是不一样的。

为了搞清楚地球形状，法国国王路易十五派出两支科考队奔赴北极拉普兰和赤道秘鲁（今厄瓜多尔[1]）进行实地测量。这两支测量队，历经波折，吃了不少苦头，分别测量了北极和赤道地区经线的长度，最后都完成任务回到了巴黎。

法国科学院将两组测量结果进行综合比较，人们一致认为地球确实是赤道凸出、两极略扁的椭球体。实测结果证明牛顿的看法是对的。

1 测量所在地当时是西班牙的秘鲁总督辖区，现属厄瓜多尔。

北极到处冰天雪地，好冷啊！
再见啦，小苍龙，等我们从秘鲁回来告诉你测量结果哟！
小苍龙祝你们早日从秘鲁回来！

除了实地测量外，还有一件事也可以从侧面证明地球是个椭球体：拉普兰队发现他们的摆钟比巴黎的走得快，而秘鲁队的摆钟则比巴黎的走得慢。

摆钟的周期与摆长，以及当地的重力加速度有关。在摆长不变的情况下，重力加速度越小，则周期越长。重力加速度越大，则周期越短。秘鲁的地表距离地心远一点，所以重力加速度要小一点，摆钟周期长了，钟就走得慢了。而拉普兰的地表距离地心近一点，所以重力加速度要大一点，摆钟周期就短了，钟就走得快了。

到了现代，通过各种测量手段，人们终于搞清楚了，地球的平均赤道半径为6378.1千米，极半径为6356.8千米，北极地区约凸出18.9米，南极地区则凹下24—30米。但这种差距对于庞大的地球来说是极微小的，肉眼根本看不出。所以在太空的航天员看起来，地球还是一个完美的球体。

好大的三角形：地月距离测量

丈量天地的第一步确定了地球形状和大小，第二步就要测地月距离啦。通过天文观测，人们发现月球会遮挡住背后的星星。发生日全食的时候，是月球挡住了太阳。所以人们早就确定，月球距离地球更近。古希腊一些天文学家也尝试测过地月距离，但限于当时的技术手段，测量并不精确。

人们最终测出地月距离，用的还是三角测量法。但这次测量基线拉得长一点，从德国柏林拉到了南非好望角。

1750 年，法国科学家拉卡伊带领一支天文测绘队到达非洲的好望角。我们知道，由于地球自身的遮挡，北半球的人们是看不到很多南半球星空的。人类各古文明基本上都在北半球，而对南天的星空知之甚少。到了 15—16 世纪，由于地理大发现和环球航行，人们才开始认识到南半球的星空，所以拉卡伊的任务就是对南天星空进行测绘。

拉卡伊的另一个任务，就是测量地月距离。他和另一位远在德国柏林的法国科学家拉朗德合作，共同测量月球的视差角。

这个三角形可真大呀，柏林是 B 点、好望角是 C 点、月球是 E 点，组成一个三角形 BCE。两人以柏林和好望角之间的距离 BC 作为测量基线，测量月球的视差角 θ。只要测出角 θ，已知 BC 的距离，则可以算出地月距离 EC。

两人由此测出的地月平均距离约为地球半径的 60 倍，即大约 382,000 千米，和地月平均距离的现代值 384,400 千米相比，误差已经很小了。

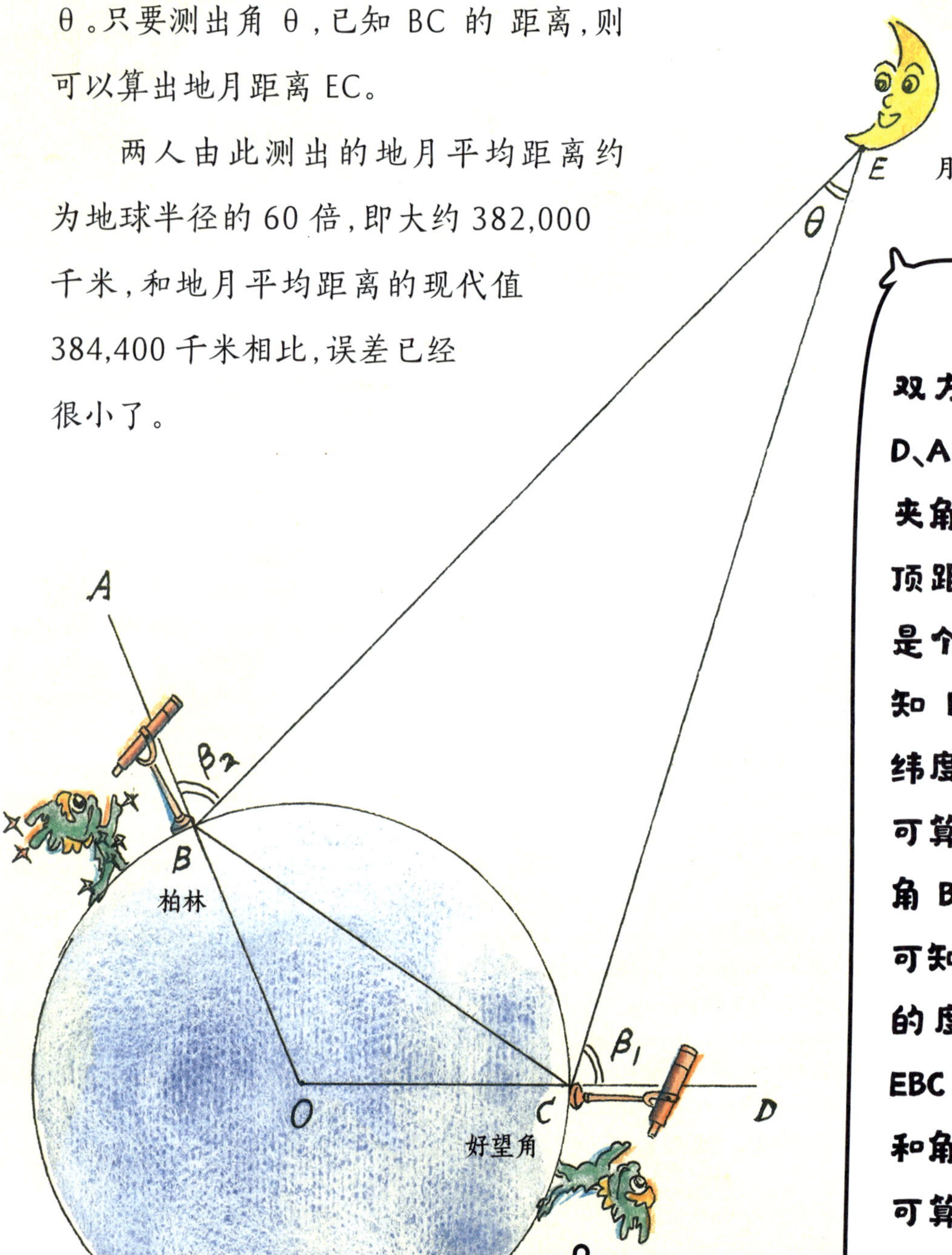

在实际测量中，双方各自测出天顶 D、A 和月亮 E 点的夹角 β_1 和 β_2（天顶距）。三角形 OBC 是个等腰三角形，已知 B、C 两地的地理纬度和地球半径，则可算出 BC 的长度和角 BCO 的度数，进而可知角 ECB 和角 EBC 的度数。在三角形 EBC 中，已知角 ECB 和角 EBC 的度数，就可算出角 θ 的度数，再已知 BC 的距离，则可算出地月距离 EC。

现在人们用激光测距法来测量地月距离。1969年美国阿波罗飞船登月的时候，航天员在月球上放置了反射镜。地面上的人们利用激光照射反射镜，再接收激光的反射，已知光速和激光往返时间，就可以算出地月距离啦。但这种测距法对定位和精度的要求非常高。

你知道吗？用激光瞄准38万千米之外的月球上很小的反射镜，就像打靶一样，要瞄得非常精准，否则就“失之毫厘，谬以千里”啦。

2018 年 1 月 22 日晚，我国科学家成功地进行了地月激光测距，在当晚 21:25—22:31 的时间段里，测得的地月距离为 385,823.433—387,119.600 千米之间。

有了激光测距这种新技术，目前人们对地月距离的测量，可以精确到米乃至厘米级别。目前我国已测得月球上全部 5 个激光反射镜的信号，这也使我国成为世界上第五个实现地月激光精确测距的国家。

另辟蹊径：地日距离测量史

测出地月距离后，丈量天地第三步就是要测地球和太阳之间的距离。再来一次三角测量法吗？很可惜，三角测量法对测量地日距离很难奏效。这是因为太阳不像月亮有环形山，没有固定的点作为测量目标。而且太阳发出强烈的光芒，人们都无法直视，这可怎么办呢？

小苍龙请大家先别急，我们先来看一个几何图形——椭圆。

简单来说，把一个圆压扁，就是椭圆。椭圆有一个中心 o，有半长轴 a、半短轴 b，还有两个焦点 F_1 和 F_2。我们画个椭圆吧，用两个大头钉按在纸板上，再用一根绳子缠住铅笔，绳子的长度要大于大头钉间距离，然后绕着两个大头钉画一圈，就是一个椭圆啦。

生活中有哪些椭圆形的物体呢？油罐车背面是椭圆形的，有些镜子是椭圆形的。谁在吃哈密瓜？哈密瓜看起来也像个椭圆形。

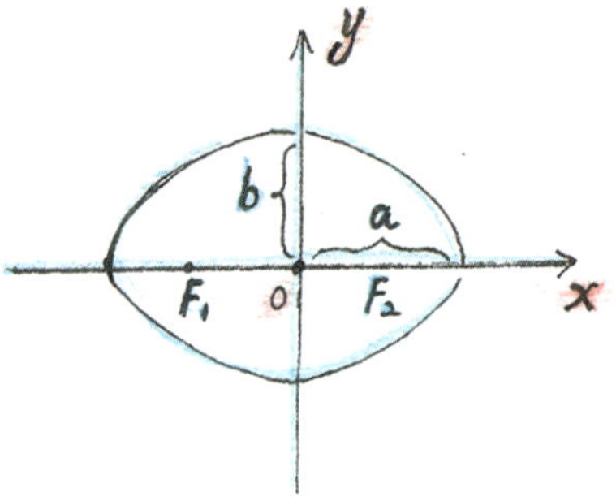

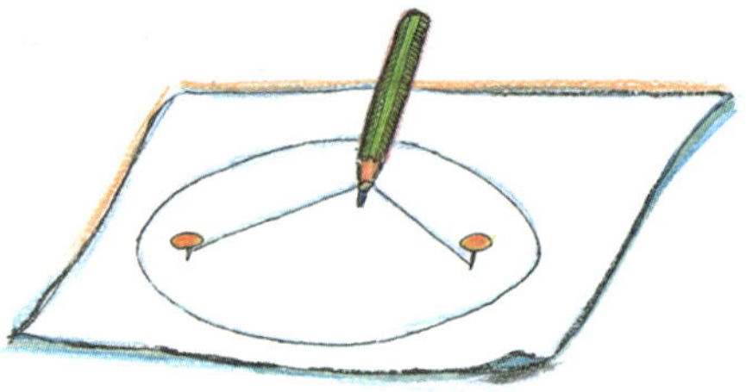

16世纪中期，波兰的天文学家哥白尼提出了“日心说”，认为地球和水星、金星、火星、木星、土星都是按圆形轨道围绕太阳公转的。月亮围绕地球转，而天上的恒星，都距离我们非常遥远。

在哥白尼之前，人们认为地球不动，所以很自然地认为地球是宇宙中心，日月星辰都是围绕地球在转，这就是古希腊人提出的“地心说”。日心说的提出，可谓石破天惊，颠覆了人们千百年来的认知。哥白尼也害怕日心说会遭到反对，所以他在1543年临死前才出版《天体运行论》，正式提出了日心说。

知道了椭圆和日心说后，我们再来讲讲第谷和开普勒的故事吧。

16 世纪后期，丹麦有个贵族天文学家第谷，他建立了天文台。当时望远镜还没发明，第谷依靠目视和一些仪器对星空进行观测。他观测各大行星的位置，把它们的方位和高度角等数据，都记录得清清楚楚。经过二十多年的观测，第谷编制了当时最为精密的星表。

1600年，第谷遇到了德国天文学家开普勒，两人开始了合作。第谷相信地心说，他认为各大行星绕太阳转，太阳再带着各大行星绕地球转。但开普勒相信日心说，两人合作经常吵吵闹闹。不久，第谷去世，留下了大量天文观测资料。开普勒在这些资料的基础上，经过长期的分析计算，提出了行星运动三大定律。让我们来看看是哪三条。

第一定律：所有行星围绕太阳公转的轨道都是椭圆，太阳处在椭圆的一个焦点上。

第二定律：对每一个行星而言，太阳和行星的连线在相同时间内扫过的面积相等。

第三定律：所有行星轨道半长轴的三次方与公转周期的二次方的比值都相等。

你如果搞不明白这三条定律也没关系。因为这三条定律都是开普勒根据第谷的观测数据“硬凑”出来的，其实他自己也搞不明白。直到牛顿提出万有引力定律之后，人们才明白原来是太阳对行星的引力，让行星绕日公转的。

但人们发现可以用这三条定律来测量地日距离。1716年英国科学家哈雷提出，可以通过金星凌日的办法来测量地日距离。

你知道吗？金星轨道在地球的内侧，是“地内行星”。有时候，金星会经过地球和太阳的连线，这种现象就是“金星凌日”。此时从地球上看过去，金星就像一个黑点一样扫过太阳。发生金星凌日的时候，以太阳作为背景，人们在地球上的两个不同地点测量金星在太阳上的视差角，就可以用三角测量法测出金星到地球的距离。再根据天文观测，得出金星的绕日公转周期，就可以用开普勒第三定律计算出地球到太阳的距离了。

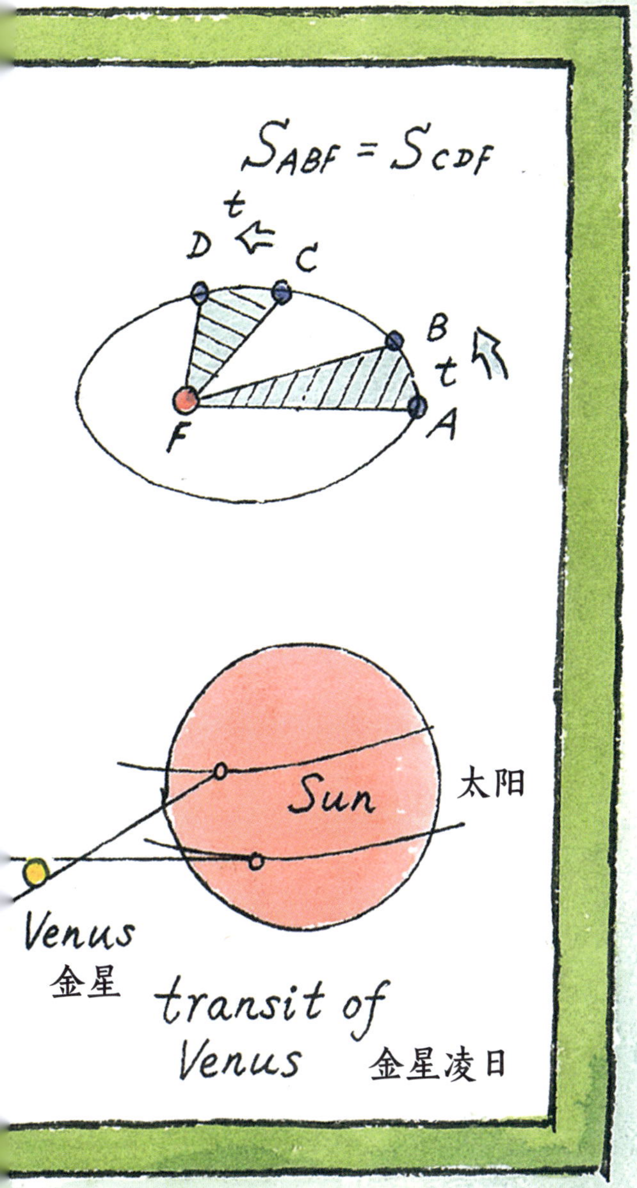

金星凌日是很罕见的天文现象，它以两次凌日为一组，两次间隔 8 年，但是两组的间隔时间却有 100 多年。也就是说，金星凌日总是按 8 年、100 多年的顺序交替发生。有的人一生中会遇见两次金星凌日，有的人却一辈子也看不到。上两次金星凌日发生在 2004 年 6 月 8 日和 2012 年 6 月 6 日，下两次发生时间为 2117 年和 2125 年。小苍龙在这里提醒大家，一定要把这本书保存到 2117 年，一起看看金星凌日！

哈雷发表论文是在 1716 年，而接下来的那一次金星凌日是在 1761 年。但是 1761 年的这次观测不太成功，只能再等 8 年。到了 1769 年，英国科考队在库克船长的带领下，去南太平洋塔希提岛上观测金星凌日。

这次终于成功啦！后来拉朗德根据观测数据，算出了地日平均距离约为 1.53 亿千米。

其实早在 1672 年，卡西尼就已经测出地日距离了。当时卡西尼派自己的助手到南美洲的卡宴，以巴黎和卡宴的距离作为基线来测量火星的视差。测出火星和地球之间的距离之后，再知道火星绕日公转周期，就可用开普勒第三定律算出地日距离了。但相较之下，拉朗德的数据更准确些。

人们通过天文观测，可以知道太阳系内各行星的绕日公转周期，知道了行星绕日公转周期和地日距离，就可以算出太阳系内各行星到太阳的距离。例如，水星到太阳的平均距离约为 5791 万千米，火星的约为 2.28 亿千米，木星的约为 7.78 亿千米等。你看，这就是科学的力量！

天涯若比邻：测出恒星的距离

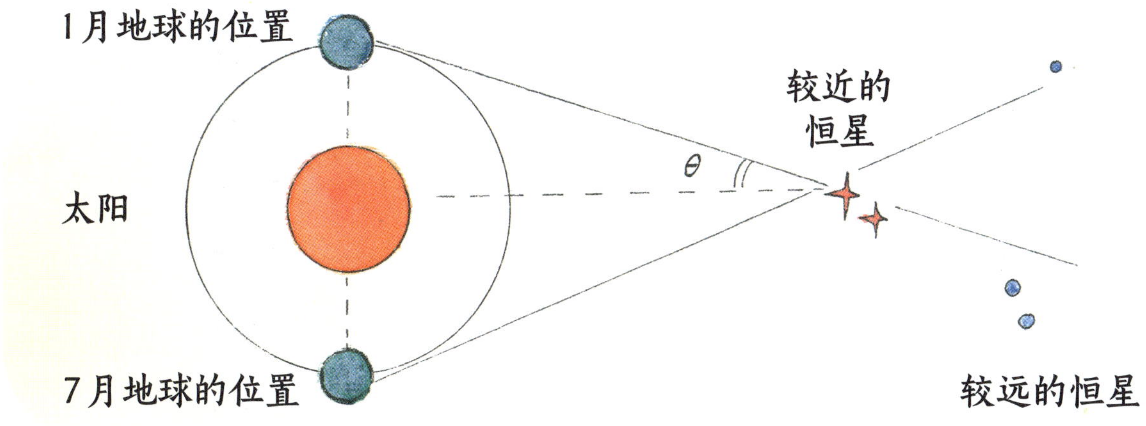

地球大小、地月距离、地日距离这三步都完成了，丈量天地的第四步就是要测量遥远恒星的距离啦。

让我们先来回顾一下日心说吧。在日心说刚提出的时候，守旧的天文学家们就反驳道，若地球确实绕太阳转，那么在每年的1月和7月，我们应该能测出恒星的周年视差角。因为每隔半年，地球都在太阳两侧，所以这个θ角叫作恒星的周年视差角。

你看，在地球位于太阳两侧的时候，红色星星和蓝色星星的位置看起来是不一样的。

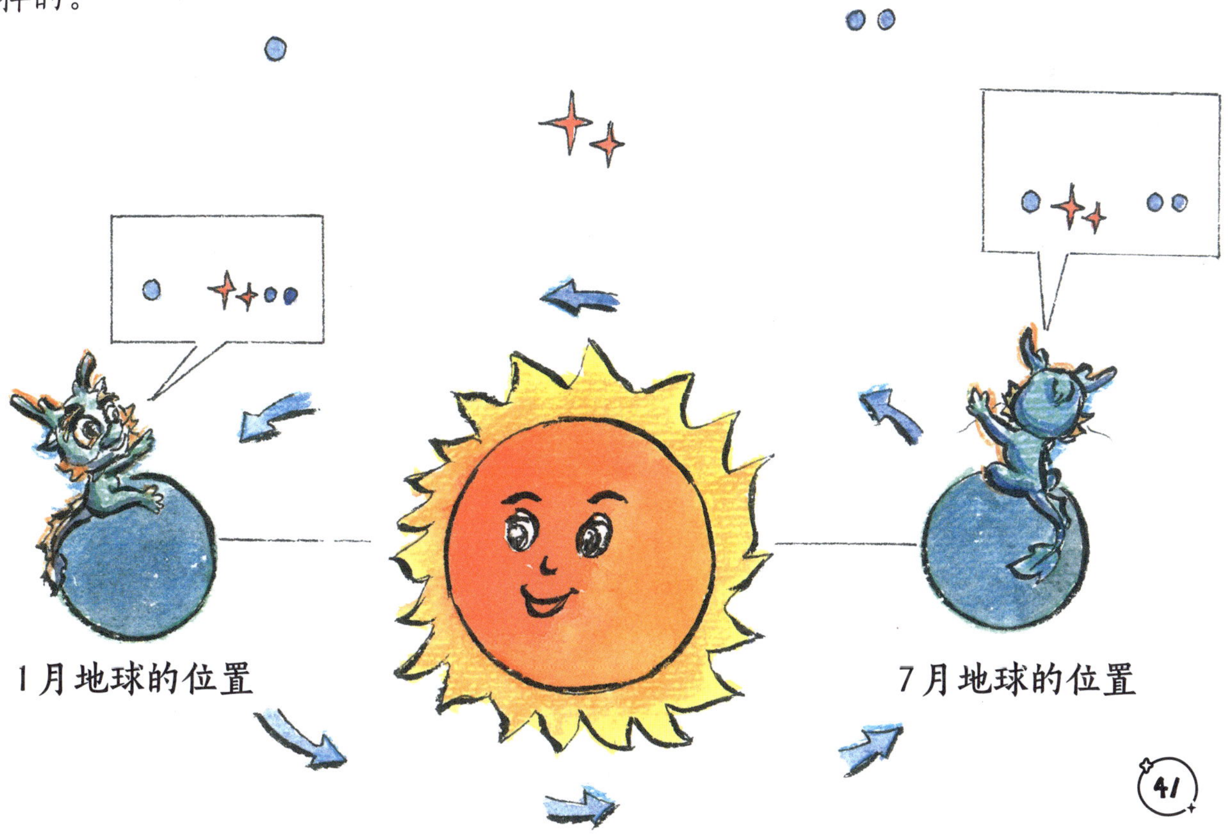

天上的恒星有的离地球近，有的离地球远。地球绕太阳公转，在不同位置看遥远恒星背景上较近的恒星，它们的位置确实是有变化的。你肯定想到了，这和第19页地图测绘中视差角的原理一样：在A、B两个不同的位置上看较近的城堡在远山背景上的位置是不一样的。

人们意识到，若用地球绕日公转轨道的直径（约3亿千米）作为基线，采用三角测量法测出恒星周年视差角的话，不仅可以证明地球确实绕太阳转，也可以由此测出恒星的距离。

但恒星周年视差角不容易测量，因为它实在是太小了。哥白尼自己也想测，但测不出。直到 1838 年，德国科学家贝塞尔利用一种精密的量角器——量日仪终于测出了天鹅座 61 星的视差角，为 0.31 角秒。这个角有多小呢？差不多是把一枚 1 元硬币放在 16.6 千米远处时观看的视角。

测出恒星周年视差角之后，已知地日距离，马上就可以算出恒星的距离啦。据此，贝塞尔算出天鹅座 61 星距离地球约 10.4 光年（现代值为 11.4 光年），这是人类第一次测出遥远恒星的距离。

后来人们又陆续测出了织女星、半人马座α星（中文名字叫“南门二”）等恒星的距离。恒星周年视差角的测出，不仅彻底证明了日心说的正确性，而且人们通过实测数据意识到，恒星距离我们极其遥远。

除太阳外，距离我们最近的恒星就是南门二星了。其实南门二是个“三合星”系统，它由三颗恒星所组成，分别是：南门二A、南门二B和比邻星。其中比邻星距离我们最近，为4.24光年。唐代王勃在诗中写道：“海内存知己，天涯若比邻。”王勃要是知道最近的比邻星距离我们都有4.24光年的话，恐怕要惊掉下巴啦！

现代，人们利用卫星进行更为精准的天体测距。1989 年，欧洲航天局发射了依巴谷天文卫星，用来测量星星的视差，从而计算距离。由于没有大气层干扰，卫星的测量精度要比地面望远镜的高出数十倍。卫星在太空工作了三年多时间，人们根据观测数据绘制了《依巴谷星表》，测出了十多万颗恒星的精确视差值和距离。

2013年，欧洲航天局又发射了盖亚探测卫星。盖亚所搭载的仪器更为先进，配置了大口径望远镜和各种测量仪器。2022年6月，盖亚卫星发布了第三批测量数据，覆盖了十数亿天体的各种参数。人们利用卫星数据来确定恒星的位置、光度以及恒星光谱，从而测出恒星的距离、表面温度等物理信息。

但三角测量法也有局限性，由于测量误差等原因，它对非常遥远的天体就无能为力了。为了探测更遥远的天体，人们还发展出了造父变星测距法、红移测距法等多种方法。经过千百年的努力，通过天体测距，人们知道了太阳系的直径约为 20 万个 AU（以太阳系最外围的奥尔特星云为界）。而太阳系只是银河系的沧海一粟，银河系的直径约为 10—12 万光年。在银河系之外，还有数万亿的河外星系。目前人类技术能探测到的最遥远天体，距离我们约 134 亿光年。

“路漫漫其修远兮，吾将上下而求索。”除了天体测距，人们还把相关的技术用于航天领域。例如在“探月探火”工程中，我国利用地面多台大型射电望远镜组成“VLBI 测轨分系统”，对航天器进行测轨和遥控，从而使其能精准地在月球和火星上降落。这一切都展现了我国在航天事业上所取得的伟大成就。

亲爱的小朋友们，你们将来愿意投身天文和航天事业，从事丈量天地和航天器测控的研究吗？

写给小朋友们的几句话

亲爱的小朋友们：

你们好呀！

你们知道吗？天体测距是天文学研究的核心之一，由于涉及一些专业知识，所以人们觉得它高深莫测，望而却步。但在这本书里，有一只可爱的“东方小苍龙”，它将两千年来人类给天体测距的方法和故事娓娓道来。从测量地球周长，到地月测距，再到地日测距和测出恒星到地球的距离，可以说，每一页都是跨越时空的天文传奇和人们千百年来不断探索科学的历程。

小朋友们是不是有身临其境的感觉呢？

愿小苍龙伴随大家踏上系统、全面的天文知识学习之旅。期待在未来，见证更多的小朋友绘制出属于这个时代的宇宙蓝图！

崔向群

天文学家，中国科学院院士，世界科学院院士

作者简介

罗方扬

中国科学院美术家协会特聘理事，江苏省天文学会会员、江苏省科普作家协会会员、江苏省科普美术家协会会员，苏州市天文学会理事。2021 年出版科普图书《诗意星空：画布上的天文学》，获 2022 年第七届中国科普作家协会优秀科普作品银奖、科技部 2022 年全国优秀科普作品奖。2023 年出版科普图书《逐梦星空：图说天文航天》，获科技部 2024 年全国优秀科普作品奖。

林滟茹

南京市紫金山天文台博物馆科普教育部负责人，策展人。长期致力于文物博物馆学、博物馆教育、钟山历史文化、天文历史文化等方面的研究与实践传播。